BEI GRIN MACHT SICH IHR WISSEN BEZAHLT

- Wir veröffentlichen Ihre Hausarbeit,
  Bachelor- und Masterarbeit

- Ihr eigenes eBook und Buch -
  weltweit in allen wichtigen Shops

- Verdienen Sie an jedem Verkauf

Jetzt bei www.GRIN.com hochladen
und kostenlos publizieren

Bibliografische Information der Deutschen Nationalbibliothek:

Die Deutsche Bibliothek verzeichnet diese Publikation in der Deutschen National-
bibliografie; detaillierte bibliografische Daten sind im Internet über http://dnb.d-
nb.de/ abrufbar.

Impressum:

Copyright © 2017 GRIN Verlag
Druck und Bindung: Books on Demand GmbH, Norderstedt Germany
ISBN: 9783668765061

Dieses Buch bei GRIN:

https://www.grin.com/document/434658

Serena Fuss

Olavius Algavensis. Welche Vorteile gewinnt der marine Wurm durch ein symbiotisches Leben ohne Darm, Mund und After?

Pädagogische Hochschule Ludwigsburg
Fakultät II – Institut für Naturwissenschaften und Technik
Fachbereich: Biologie
WS 16/17
Abgabedatum: 21.04.2017

Hausarbeit im Fach Biologie

Olavius algarvensis

Welche Vorteile gewinnt der marine Wurm durch ein symbiotisches Leben ohne Darm, Mund und After?

Autor

Fuß, Serena

Stuttgart, den 21.04.2017

Inhalt

1.0 Einführung

Es sind nicht nur Egoismus und Konkurrenz, die zur Evolution führen, sondern auch Zusammenarbeit in Form von Symbiosen. Durch eine einzigartige Dreiersymbiose schafft es der in den 90er Jahren entdeckte marine Wurm mit dem Namen Olavius algarvensis[1], seine begrenzten Ressourcen effizient zu nutzen und somit sehr erfolgreich zu sein. Doch worin genau unterscheidet sich dieser Wurm von seinen Verwandten? Und welche Vorteile gewinnt er durch diese Andersheit? Mithilfe von Fachartikeln der Biologin Nicole Dubilier des Max-Plank-Instituts in Bremen, die sich seit Entdeckung mit dem marinen Wurm befasst, werden in der nachfolgenden Arbeit diese Fragen näher untersucht.

Gemeinsam mit unserem heimischen Regenwurm (Lumbricidae) gehört O. algarvensis zur Untergruppe der Oligochaeten, weshalb beide Arten gemeinsame anatomische Merkmale aufweisen, die zu Beginn der Arbeit erläutert werden. Während sich jedoch der Regenwurm von organischem Material aus dem Boden ernährt und hierfür sein komplexes Verdauungssystem, sowie Ausscheidungsorgane benötigt, hat sein mariner Vetter im Laufe der Evolution seinen kompletten Verdauungstrakt reduziert. Nicole Dubilier identifizierte die Symbionten im Wurm und löste somit das Rätsel: Durch eine Dreiersymbiose mit sulfatreduzierenden und sulfidoxidierenden Bakterien wird es dem Wurm möglich, sich durch Gase zu ernähren. Seine Symbionten nutzen die Energie aus den für Menschen hochgiftigen Substanzen Kohlenmonoxid und Schwefelwasserstoff, um Kohlenhydrate zu produzieren, die an den Wurm abgegeben werden. Zusätzlich ist eine Nutzung der eigenen Stoffwechselprodukte möglich, wodurch der marine Wurm ebenfalls auf seine Ausscheidungsorgane verzichten kann (vgl. Dubilier et al., 2011, S.298f.). Der Hauptteil der Arbeit erläutert diese komplexe Symbiose näher.

Um Zusammenhänge zwischen dem marinen Wurm, seiner Population, der Umwelt, sowie dem Biotop und der Biozönose zu verstehen, werden anschließend die ökologischen Betrachtungsebenen Autökologie, Demökologie und Synökologie (Biozönologie), untersucht und mit O. algarvensis in Beziehung gesetzt.

---

[1] Nachfolgend mit O.algarvensis abgekürzt.

Ziel der nachfolgenden Arbeit ist es somit, die Anatomie und Verdauungsphysiologie des O. algarvensis in Hinblick auf seine Verwandten, speziell dem Regenwurm, zu erläutern und zu vergleichen, sowie seine einzigartige Dreiersymbiose näher zu beschreiben. Des Weiteren werden sowohl Ökologie- als auch Habitatsaspekte mithilfe der ökologischen Betrachtungsebenen näher beleuchtet. Dadurch werden Zusammenhänge deutlich, welche die Vorteile dieser einzigartigen Symbiose und daraus resultierenden Reduktion der Verdauungs- und Ausscheidungsorgane klar aufzeigen.

2.0 Oligochaeta[2]

Ringelwürmer sind weltweit verbreitet und gehören zur Gruppe der Wirbellosen. Diese umfasst in Deutschland rund 500, weltweit über 15.000 Arten. Untergruppen stellen die Wenigborster, die Vielborster und die Egel dar. Wenigborster leben im Meer, im Süßwasser oder auf dem Land. Zu ihnen zählen auch die bei uns heimische Familie der Regenwürmer, sowie der vor der Küste Elbas lebende O. algarvensis (vgl. Brecher et al., 2001, online).

2.1 Allgemeine Übersicht: Lumbricidae und Olavius algarvensis

2.1.1 Lumbricidae

Bereits vor 200 Millionen Jahren begann die Entwicklung der Lumbricidae (Regenwürmer), die mit einer Länge von 9-15 cm zu den größten wirbellosen Bodentieren zählen. Mit Ausnahme der Polargebiete, der Bergspitzen und der vegetationslosen Wüste sind sie mit weltweit über 3000 Arten in allen Böden der Erde anzutreffen. Der Wurmkörper ist langgestreckt, drehrund und aus bis zu 200 Segmenten zusammengesetzt. Die Haut ist glatt, von Braun über grünlich bis Weinrot gefärbt und mit einer Schleimschicht, die als Austrocknungsschutz und Gleitmittel dient, überzogen. Durch spezielle Sinnesorgane haben sich die Regenwürmer an das Leben im feuchten Boden angepasst, in dem sie bis zu zwei Meter tiefe Gänge graben (vgl. Hellberg-Rode, 2004, online).

---

[2] Wenigborster.

2.1.2 Olavius algarvensis

O. algarvensis wurde erstmals in den 90er Jahren an der Algarve Küste Portugals entdeckt. Kurze Zeit später, 1996, entdeckten Forscher den Wurm ebenfalls vor der Küste der italienischen Insel Elba (vgl. Kleiner, 2012, online).

Sein Bauplan ist an das Leben in marinen Sedimenten angepasst. Schwefelverbindungen, die in seiner Haut eingelagert sind, lassen den Wurm milchig – weiß erscheinen. Beschrieben als 0,2 mm x 20 mm kleiner gewundener Wurm lebt 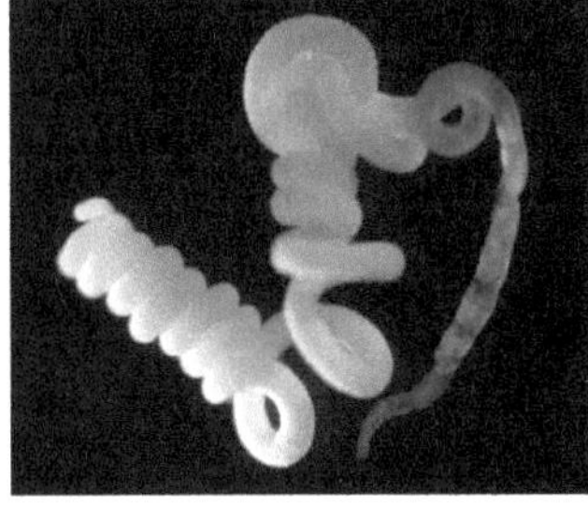 er in einer Wassertiefe von 8 – 10 Metern in der Nähe von Seegrasfeldern in 5 – 15 cm tiefen sublitoralen Sedimenten. Er ist, wie der Regenwurm, ein Hermaphrodit und besitzt demzufolge sowohl weibliche, als auch männliche Geschlechtsorgane (vgl. Giere et al., 2002, online, S.292f.).

Abbildung 1 - Olavius algarvensis (Max-Planck-Institut für Marine Mikrobiologie, 2011, online).

Sowohl die Familie der Regenwürmer, als auch die spezielle Art O. algarvensis, die zur Familie der Tubificidae gehört, weisen aufgrund ihrer entfernten Verwandtschaft grundlegende anatomische Merkmale auf, welche im Nachfolgenden beschrieben werden.

2.2 Grundlegende Anatomie der Oligochaeten

Die Oligochaeten werden in der Klasse der Clitelata (Gürtelwürmer) vereinigt, welche unter anderem durch das Merkmal *Clitellum* gekennzeichnet ist. Das Clitellum stellt eine vorgewölbte drüsige Umbildung der Epidermis dar; deren Sekret dient zur Bildung des Eikokons, liefert Nährflüssigkeit für die Embryonen und spielt auch häufig bei der Begattung eine Rolle. Durch das Fehlen von Parapodien und dem zwittrigen Geschlechtsapparat lassen sich die Clitelata deutlich von den Polychaeten (Vielborstern) unterscheiden (vgl. Storch et al., 2009, S. 185).

Die Oligochaeten sind lang gestreckte, runde oder kantige Würmer mit deutlicher Segmentierung, welche ursprünglich gleichartig gebaut ist (primitive Metamerie). Borsten ohne Parapodien befinden sich direkt an der Körperwand. Durch einen muskulösen, der Fortbewegung dienenden Hautmuskelschlauch und dem gekammerten, flüssigkeitserfülltem Coelom als Hydroskelett, werden sie bestimmt (vgl. Storch et al., 2009, S.185).

Alle Oligochaeta besitzen außerdem ein Strickleiternervensystem mit einem als Gehirn fungierenden Oberschlundganglion. Des Weiteren sind Längsverbindungen nach hinten zum Schlundkonnektiv, sowie Verbindungen zum Unterschlundganglion vorhanden. Im Verband der Epidermis liegen freie Nervenendigungen, sowie Sinneszellen, welche der Tast- und Chemorezeption dienen. Lichtsinnesorgane kommen häufig als Photorezeptorzellen auf der gesamten Körperoberfläche vor (vgl. Storch et al., 2009, S. 185).

Das Blutgefäßsystem ist geschlossen, was dem Annelidengrundbauplan entspricht. Der Körper wird in der Längsachse von einem dorsalen Blutgefäß durchzogen, in dem das Blut durch peristaltische Kontraktionen nach vorn getrieben wird. Über laterale Abzweigungen in jedem Segment führen Blutgefäße auch zum Darm und sind mit dem ventralen Blutgefäß verbunden.

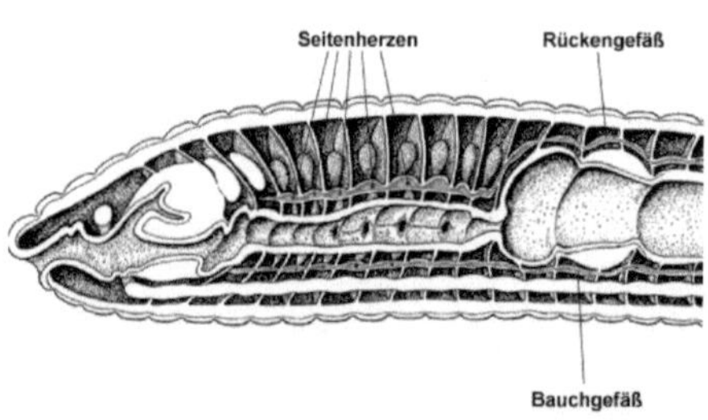

Abbildung 2 - Herz-Kreislaufsystem des Regenwurms (Füller, 1954, S.8).

Zusätzlich können im Vorderkörper paarige Gefäßschlingen zu Lateralherzen (Seitenherzen) werden, die das Blut vom Dorsalgefäß (Rückengefäß) zum Ventralgefäß (Bauchgefäß) treiben. Als Blutfarbstoff dient meistens das Hämoglobin. Da Hautatmung die Regel ist, ist die Haut gut durchblutet. Aus Abzweigungen des ventralen Blutgefäßes erhält sie sauerstoffarmes Blut, das sauerstoffreiche Blut wird von der Haut zum dorsalen Blutgefäß geführt (vgl. Storch et al., 2009, S. 186).

2.3 Unterschiede bezüglich der Verdauungsphysiologie

Trotz der vielen gemeinsamen anatomischen Merkmale der Oligochaeten ist eine unterschiedliche Anpassung an die jeweiligen Lebensumstände innerhalb der Gruppe, sogar innerhalb einer Art, möglich, wodurch sich verwandte Tiere weit auseinander entwickeln und große Unterschiede aufzeigen. Während sich beispielsweise der terrestrisch lebende Regenwurm von ausreichend vorhandenem verrottetem, organischem Material aus dem Boden ernährt und hierfür ein gut ausgebildetes Verdauungssystem unabdingbar ist (vgl. Vetter, 2001, online), schafft es der marine Wurm O. algarvensis „begrenzte Ressourcen durch das Zusammenwirken von aufeinander abgestimmten Mikrobengemeinschaften effizient" (Dubilier, 2006, online) zu nutzen, wofür er seinen kompletten Verdauungsapparat im Laufe der Evolution reduziert hat.

2.3.1 Verdauungsphysiologie des Lumbricidae

Für die Ernährung der Regenwürmer ist das Vorhandensein von ausreichender Nahrung in Form von totem organischem Material von zentraler Bedeutung. Regenwürmer verwehrten zu ihrer Ernährung die Kohlenhydrate und Eiweiße der abgestorbenen Pflanzenreste, sowie die darauf lebenden Mikroorganismen. Pilze und Bakterien müssen das organische Material jedoch vorgängig aufschließen. Zu diesem Zweck zieht der Regenwurm seine Nahrung in die Wohnröhre hinein und kompostiert sie dort (vgl. Hellberg-Rode, 2004, online).

Der Regenwurm besitzt einen Darmkanal, der ihn von vorne bis hinten als gradliniges Rohr durchzieht. Dieser ist von zwei Schichten umgeben, wobei die Längsmuskulatur außen und die Ringmuskulatur innen liegt. Der Darmkanal untergliedert sich in mehrere Abschnitte, die jeweils unterschiedliche Aufgaben bei der Verdauung übernehmen (vgl. ebd.).

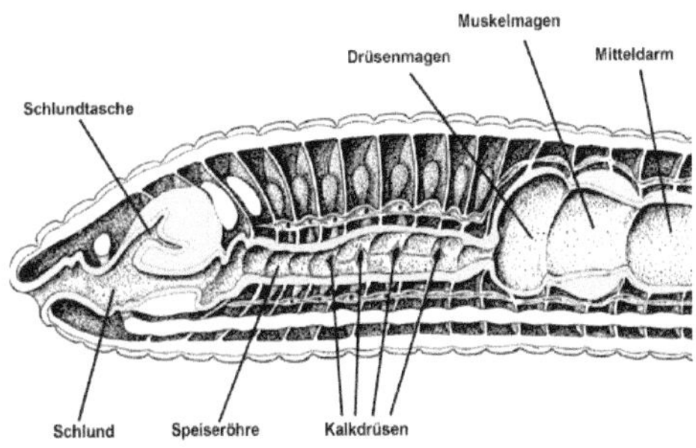

Im ersten Segment befindet sich bauchseitig die Schlundöffnung, die vom Kopflappen ähnlich einer Oberlippe überragt wird. Da Regenwürmer weder Gebiss noch Kauapparat besitzen, nehmen sie ihre Nahrung mithilfe dieser zungenähnlichen Lippenfalte auf.

Abbildung 3 - Darmkanal und Verdauung (Füller, 1954, S.8).

Der Schlund schließt an die Mundöffnung an und bildet eine nach oben liegende Schlundtasche aus. In dieser befinden sich zahlreiche Schlunddrüsen, welche die aufgenommene Nahrung anfeuchten und dadurch das Passieren durch den Darmkanal erleichtern (vgl. ebd.).

Der Schlund geht in die Speiseröhre über, in deren hinteren Abschnitt die Kalkdrüsen münden. Etwa im 15. Segment mündet die Speiseröhre in dem weitlumigen Drüsenmagen, in dem die angefeuchtete Nahrungsmasse gesammelt wird (vgl. ebd.).

Daran schließt sich der Muskelmagen an, der sich über zwei bis drei Segmente erstreckt. Hier wird die aufgenommene Nahrung durch kleine Sandkörner zerrieben. Dieser Mechanismus ist in der Tierwelt weit verbreitet und lässt sich beispielsweise auch bei Hühnern beobachten. Des Weiteren besitzt der Muskelmagen eine stark entwickelte Muskulatur, um die Nahrung weiter in den Mittel- und Enddarm zu pressen (vgl. ebd.).

Im Mitteldarm, der auf der Rückenseite in seiner gesamten Länge eine Einstülpung aufweist, die die innere Darmoberfläche zu vergrößern hilft, beginnt nun die eigentliche Verdauung. Eine ganze Palette von Enzymen und Mikroorganismen helfen den Nahrungsbrei weiter aufzuschließen. Die Nahrungspartikel werden weiter abgebaut, von der Darmwand aufgenommen und in das Blut abgegeben (vgl. ebd.).

Im Enddarm, der sich etwas über das letzte Drittel des Wurmkörpers erstreckt, werden die unverdaulichen Nahrungsreste mit Schleim umhüllt und durch Muskelbewegungen des Darms durch den After ausgeschieden (vgl. ebd.).

Regenwürmer sind keine guten Futterverwehrter, da ein Großteil der aufgenommenen organischen Substanz unverdaut wieder ausgeschieden wird. Der Regenwurmkot ist reine, hochwertige Erde, da der Regenwurm bei der Nahrungsaufnahme auch große Mengen an Mineralerde aufgenommen hat, die mit den im Darm lebenden Mikroorganismen vermischt wurde (vgl. ebd.).

2.3.2 Verdauungsphysiologie des Olavius algarvensis

O. algarvensis besitzt im Gegensatz zum Regenwurm weder Mund, noch Darm und auch keine Nephriden. Den letztgenannten kann eine nierenähnliche Funktion zugeschrieben werden. Dieser darmlose Wenigborster ist somit die einzig bekannte Gruppe, die neben des Verdauungssystems auch ihre Exkretionsorgane vollkommen reduziert hat. Das heißt, dass alle Prozesse, die mit der Nahrungsaufnahme, der Verdauung und der Entsorgung zu tun haben, anders erledigt werden müssen (vgl. Dubilier, 2011, S.398f.). „Das ist bisher von keinem anderen Meerestier bekannt" (Kleiner, 2012, online).

Die ursprüngliche Annahme ging davon aus, dass diffusive Vorgänge eine Aufnahme organischer Substanzen aus dem Meerwasser ermöglichen würden. Die lange, dünne Körperform, wodurch eine maximale Aufnahmerate möglich wäre, bestätigte diese Annahme. Doch genauere Untersuchungen von Nicole Dubilier brachten ganz neue, beeindruckende Ergebnisse hervor: Der Wurm lebt in einer Dreiersymbiose (vgl. Dubilier, 2011, S.398f.).

3.0 Symbiose mit drei Partnern

Als eine Symbiose „bezeichnet man eine Lebensgemeinschaft von Organismen zweier Arten, bei der beide beteiligte Organismen […] von der Gemeinschaft einen Nutzen haben" (Koops, 2016, online). Ohne Symbiosen wäre das Leben auf der Erde nicht so weit entwickelt. Sie waren für die Ausbreitung und Evolution von Eukaryoten entscheidend. Noch heute stellen die Mitochondrien Nachfahren früherer bakterieller Symbionten dar und auch etliche weitere Tier- und Pflanzengruppen profitieren von bakteriellen Symbionten (Brechner et al., 2001, online). Mithilfe neuer molekularbiologischer und biogeochemischer Methoden gelang Forschern des Bremer Max-Planck-Instituts die Entdeckung einer weiteren, ungewöhnlichen Symbiose.

Die nahen Verwandten des O. algarvensis findet man für gewöhnlich in Meeressedimenten, die Sulfid enthalten. Dieses ist für die meisten Tiere hochgiftig. Doch die Würmer leben mit sulfidoxidierenden Bakterien in Symbiose, die das Sulfid oxidieren und zu unschädlichen Produkten umwandeln, während die dabei gewonnene Energie verwendet wird, um CO_2 in organische Verbindungen zu fixieren. Die Würmer nehmen diese organischen Verbindungen von ihren Symbionten auf und verdauen sie (vgl. Dubilier et al., 2011, S.298f.).

Eine unabdingbare Voraussetzung für diese Chemosynthese ist das Vorhandensein reduzierter Schwefelverbindungen in der Umgebung des Wurms, da die Bakterien ohne diese Energiequelle ihren Wirt nicht versorgen könnten. O. algarvensis dagegen wurde im Mittelmeer häufig in sulfidfreien Sedimenten gefunden. Durch das Beherbergen dieser einen Symbiontenart könnte der Wurm hier somit unmöglich überleben (vgl. Aspetsberger et al., 2009, online, S.2f.).

Nicole Dubilier entdeckte daraufhin, dass O. algarvensis seine eigene Schwefelwasserstoffquelle besitzt: Sulfatreduzierende Bakterien, die gemeinsam mit den primären sulfidoxidierenden Bakterien direkt unter dessen Haut in einer Nutzgemeinschaft leben. Diese sekundären Produzenten produzieren das für die primären Symbionten notwendige Sulfid (vgl. Aspetsberger et al., 2009, online, S.2).

Die Existenz zweier Symbionten hat einen internen Kreislauf zur Folge:

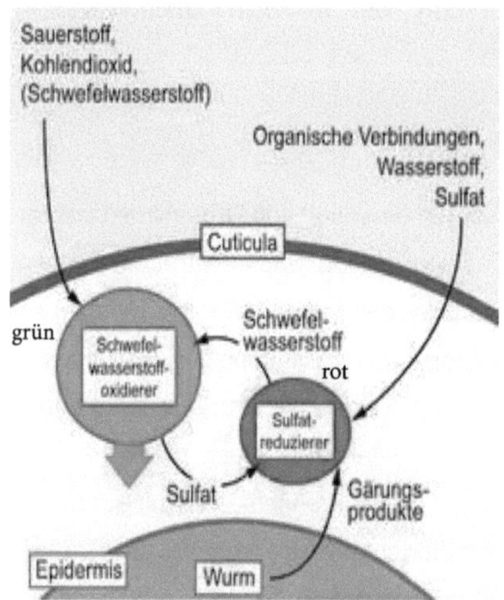

Sulfatreduzierende Bakterien (Rot) nutzen Gährungsprodukte des Wirts, organische Verbindungen wie Kohlenmonoxid und Wasserstoff aus der Umwelt, um Sulfat zu Schwefelwasserstoff (Sulfid) zu reduzieren. Dieser wird von den benachbarten primären Symbionten, den sulfidoxidierenden Bakterien, aufgenommen (Grün), durch Sauerstoff wieder zu Sulfat oxidiert und CO2 in organischen Verbindungen fixiert, die sie an den Wurm weitergeben (vgl. Dubilier et al., 2011, S.298f.).

Abbildung 4 - Syntrophe Wechselbeziehungen im Energiestoffwechsel von O. algarvensis (Hempel et al., 2016, S. 241).

Durch diese effektive Symbiose mit drei Partnern kann der Wurm seine eigenen Stoffwechselprodukte verwenden. Kleiner erläutert diesen Vorteil: „[Er] kann deshalb nicht nur auf seinen Verdauungsapparat, sondern auch auf seine Ausscheidungsorgane verzichten" (Kleiner, 2012, online).

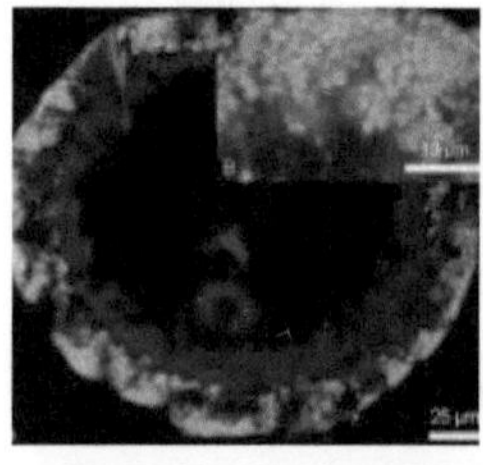

Neueste Forschungen von Nicole Dubilier zeigen, dass der Wurm mit bis zu sechs Bakterienarten in Symbiose lebt, wobei mehrere sulfidoxidierende (Grün) und sulfatreduzierende Arten (Rot) vorkommen.

Abbildung 5 - Querschnitt des Olavius algarvensis mit fluoreszensmarkierten sulfidoxidierenden (Grün) und sulfatreduzierenden (Rot) Symbionten (Rühland et al., 2012, S.600).

Die genaue Bedeutung dieser Redundanz ist bislang ungeklärt, jedoch wird vermutet, dass der Wurm viele Spezialisten auf sich trägt, die auf unterschiedliche Art und Weise dieselbe Aufgabe erfüllen (vgl. Dubilier et al., 2006, S.252ff.).

4.0   Ökologische Betrachtungsebenen

Um Wechselbeziehungen, verschiedenste Zusammenhänge, sowie die einzigartige Symbiose in Bezug auf O. algarvensis zu verstehen, ist die Einbeziehung der Ökologie unabdingbar. Diese gilt als „die Wissenschaft vom Haushalt der Natur und von den Wechselbeziehungen zwischen den Organismen und ihrer Umwelt" (Ahne et al., 2000, S.305). Da es viele Möglichkeiten von Interaktionen zwischen Organismen und ihrer Umwelt gibt, wird die Ökologie zusätzlich in vier Stufen eingeteilt:

Der einzelne Organismus befindet sich in der ökologischen Ebene ganz unten. Er wird von der Autökologie erforscht, welche sich mit den Wechselbeziehungen zwischen den Umweltfaktoren und dem Einzelorganismus beschäftigt. Die Population baut auf diesem Organismus auf und wird von der Demökologie untersucht. Besonderes Augenmerk gilt hierbei der Entwicklung der Populationen. Anschließend folgen Biotop und Biozönose, die ein wichtiges Forschungsgebiet der Synökologie darstellen. Diese ergründet gemeinsam mit der Biozönologie Beziehungen zwischen dem Biotop und der Biozönose (vgl. Campbell et al., 2002, S. 1309f).

4.1 Autökologie

Als Teilgebiet der Ökologie beschäftigt sich die Autökologie „mit den Beziehungen einzelner Arten zu den verschiedenen Umweltfaktoren" (Brechner et al., 2001, online). Hierfür werden sowohl biotische, als auch abiotische Umweltfaktoren berücksichtigt. Biotische Faktoren sind die der lebenden Umwelt, die in direkter Interaktion mit anderen Organismen stehen, wie beispielsweise Konkurrenz, Feinde, Parasiten oder Nahrung. Im Gegensatz dazu stehen die abiotischen Umweltfaktoren, welche physikalische und chemische Faktoren der Umwelt darstellen, die auf Organismen einwirken. Hierzu zählen beispielsweise die Temperatur, die Feuchtigkeit und die Beschaffenheit des Bodens und des Wassers (vgl. Brechner et al., 1999, online).

O. algarvensis gelang es durch morphologische und Verhaltensanpassungen den Herausforderungen seiner biotischen und abiotischen Umwelt zu begegnen. Durch das Leben in einer Dreiersymbiose wurde es ihm möglich, seinen kompletten Verdauungstrakt zu reduzieren. Bislang hatten Forscher angenommen, dass das Beherbergen mehrerer Symbionten zu einem Konkurrenzkampf um Ressourcen und Raum führen würde. Jedoch wurde das Gegenteil bewiesen, da alle Symbionten des O. algarvensis chemoautotroph wachsen können und bei deren Umsetzung voneinander profitieren (Aspetsberger, 2009, online, S.4). Aber auch der Konkurrenz mit anderen Lebewesen um beispielsweise Nahrung konnte der marine Wurm entgegenwirken, da ihn seine Symbionten selbst ernähren.

Jedes Lebewesen ist nur in einem gewissen Toleranzbereich des jeweiligen Umweltfaktors lebensfähig, es besetzt eine ökologische Nische. Die Zusammenhänge von O. algarvensis und wichtigen abiotischen Umweltfaktoren wie Licht, Temperatur oder Wasser sind nahezu unerforscht. Jedoch lässt sich seine Beziehung zum Umweltfaktor Boden eindeutig erklären: Besonders die chemische Eigenschaft der Sedimente, welche der Wurm bewohnt, ist von großer Bedeutung.

Die nahen Verwandten des O. algarvensis wurden bereits 1980 in der Tiefsee entdeckt. Diese Röhrenwürmer tummelten sich zu Massen an den schwefelwasserstoffhaltigen Schwarzen Rauchern. Durch Symbiose mit den bereits erläuterten sulfidoxidierenden Bakterien schafften sie es, sich den chemischen Eigenschaften der Umwelt anzupassen. Und auch O. algarvensis primäres Habitat ist sehr sulfidhaltig. Jedoch ist er darüber hinaus an Orten zuhause, in denen es keine Sulfide gibt. Er hat es geschafft, sich durch einen zusätzlichen Symbionten eine eigene Schwefelwasserstoffquelle einzuverleiben (vgl. Reichert, 2016, online). Durch diese Anpassung an seine Umwelt schafft er es, in einer Umgebung zu leben, die kaum Schwefelwasserstoff enthält. O. algarvensis konnte dadurch neue Habitate besiedeln und seinen Lebensraum ausbreiten.

Durch seine Adaption in Form einer Dreiersymbiose hat sich O. algarvensis den abiotischen Umweltfaktoren, speziell den in seinen Habitaten vorkommenden chemischen Verbindungen, angepasst und dadurch auch Konkurrenzkämpfen um vorhandene Nahrung entgegengewirkt. Er kann nun sowohl Habitate mit Sulfidvorkommen, als auch Habitate ohne Sulfid besiedeln, wodurch seine Verbreitung erweitert wurde.

4.2 Demökologie

Die Demökologie befasst sich „mit den in Populationen bestehenden Gesetzmäßigkeiten" (Brechner et al., 1999, online). Untersucht werden die Wirkungen der Umweltfaktoren auf die Gesamtheit einer Population. Es werden sowohl formale Merkmale (Größe, Verteilung, Altersaufbau, Geschlechteranteil), als auch funktionelle Merkmale (Fruchtbarkeit, Sterblichkeit, Verhalten) untersucht. Zusätzlich werden Änderungen von Größe und Verteilung in der Zeit und ihre Abhängigkeit von der Umwelt betrachtet (vgl. Brechner et al., 1999, online).

Populationen sind in der Natur nie isoliert, sondern stehen mit anderen Arten durch beispielsweise Räuber-Beute Beziehungen oder Symbiosen in Wechselbeziehung, wie sich auch bei O. algarvensis deutlich zeigt. Diese Symbiose ist so spezifisch und obligat, dass alle Individuen der Wirtspopulation mit denselben Bakterien ausgestattet sind. Die meisten formalen, sowie funktionellen Merkmale der Population des O. algarvensis sind noch weitgehend unerforscht. Bekannt ist, dass das Populationswachstum unter natürlichen Bedingungen begrenzt ist (vgl. Aspetsberger et al., 2009, online, S.1f.). Dichteabhängige Faktoren wie, Raum, Feinde oder Krankheiten könnten hierbei eine Rolle spielen.

Weltweit wurden bislang über 80 Arten der darmlosen Oligochaeten entdeckt; eine genaue Anzahl der Individuen einer Art sind jedoch nicht bekannt. Die größte Artenvielfalt findet man in Sedimenten tropischer Korallenriffe und in subtropischen Sandböden. Der Sulfidgehalt des Bodens stellt hierbei ein wichtiger Faktor dar, der für die Anzahl der Individuen in einem bestimmten Areal bestimmend ist (vgl. Aspetsberger et al., 2009, online, S.2).

Im August 1999 wurde O. algarvensis erstmals an der Küste Elbas entdeckt. Er ist eine Art der Gattung Olavius, die ursprünglich aus der Karibik stammt. Und auch an der Küste Portugals wurden ein Jahr zuvor einige Arten des Wurms entdeckt, die jedoch zur Art im Mittelmeer einige Unterschiede aufweisen. Man geht davon aus, dass das Mittelmeer, sowie der Atlantik aus der Karibik kolonisiert wurden, wobei die beiden Populationen vor Elba und Portugal weiterhin Unterschiede in ihrer Symbiose und ihres Verhaltens aufzeigen (vgl. Rotaru, 2005, online, S.5).

Die Populationen an der Küste Portugals halten sich vorwiegend an den Schwarzen Rauchern auf, während bei den Würmern an der Küste Elbas ein regelmäßiger Wechsel ihres Habitats beobachtet werden konnte. Die Populationen wandern zwischen den oberen sauerstoffhaltigen und den unteren sauerstofffreien Schichten auf und ab. In der oberen Schicht kann der Sulfidoxidierer aus seinem gespeicherten Schwefel Energie durch dessen Oxidation mit Sauerstoff gewinnen. In den unteren Sedimentschichten verwendet der kleinere Sulfidoxidierer Sulfid als Energiequelle, wobei Nitrat als Elektronenakzeptor dient (vgl. Aspetsberger et al., 2009, online, S.5). Durch diese Symbiose wird der Wurm somit optimal mit Energie versorgt und kann Habitate besiedeln, die für seine Verwandten in Portugal oder in der Karibik unbewohnbar wären.

Aufgrund der spezifischen Symbiose und dem daraus resultierenden Verhalten (Auf- und Abwandern) der Populationen an der Küste Elbas wird eine stufenweise Besiedlung vermutet, die an der Küste Portugals begann und sich anschließend nach Elba ausbreitete. Die Populationen haben sich jeweils an die unterschiedlichen Umweltbedingungen angepasst, wodurch sie differenzierte Symbiosen und Verhaltensweisen aufzeigen und auch verschiedene Habitate bewohnen (vgl. Rotaru, 2005, online, S.5ff).

4.3 Synökologie / Biozönologie

Eine Lebensgemeinschaft (Biozönose) setzt sich aus Populationen verschiedener Arten zusammen, weshalb sich die Biozönologie mit den gesamten Interaktionen in einer Biozönose befasst und speziell damit, wie Räuber-Beute Beziehungen, Krankheiten oder Konkurrenz die Struktur und Organisation der Gemeinschaft beeinflussen (vgl. Campbell et al., 2002, S. 13010). Sie stellt ein Teilgebiet der Synökologie dar, die sich mit „Beziehungsgefügen der Biozönosen innerhalb ihrer Biotope" (Brechner, 2011, online) beschäftigt. Beide Betrachtungsebenen werden häufig synonym verwendet.

Das Biotop bezeichnet den gesamten Lebensraum, wie beispielsweise das Meer. Dieses differenziert sich weiter in etliche kleinere Biotope, die die Habitate der Lebewesen ausmachen (vgl. Campbell et al, 2002, S.1310). Die Biozönose bezeichnet die Lebensgemeinschaft der Pflanzen, Tiere und Mikroorganismen in einem Biotop. Biotop und Biozönose bilden gemeinsam das Ökosystem (vgl. Campbell et al, 2002, S.1310).

O. algarvensis bewohnt vor der Küste Elbas ein sandiges, sulfidreiches Sediment neben Seegraswiesen. Sein Biotop weist eine hohe HO2 Konzentration auf (89-2147 nM). Das obere Meerwasser, in das der Wurm häufig wechselt, besitzt dazu im Vergleich eine geringe Konzentration von 0-0.23 nM. Durch das Beherbergen seiner sulfidoxidierenden sekundären Symbionten kann der Wirt jedoch auch hier problemlos leben und sich ernähren (vgl. Kleiner, M. et al., 2015, online). Im Biotop des O. algarvensis sind neben dem Wurm selbst vor allem das Seegras, sowie die verschiedenen in Symbiose lebenden Bakterien bekannt und von großer Bedeutung.

Innerhalb dieser Biozönose herrschen verschiedenste Wechselwirkungen. Räuber – Beute- Beziehungen, sowie Konkurrenten des Wurms sind bislang nicht erforscht, da das Augenmerk besonders auf die Wechselwirkung Symbiose gelegt wurde. O. algarvensis lebt in seinem Biotop mit seinen Symbiosepartnern (sulfatreduzierende und sulfidoxidierende Bakterien) zusammen, wobei alle Partner voneinander profitieren. Der marine Wurm ernährt sich mithilfe seiner Symbionten und kann seine eigenen Stoffwechselprodukte verwerten, wobei den Symbionten optimale Lebensbedingungen unter der Haut gewährt werden und sie zusätzlich vor dem Gefressenwerden geschützt sind.

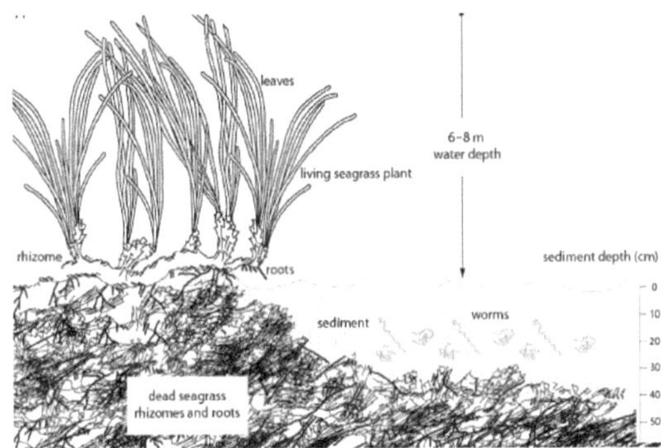

Das Seegras im Biotop wird von Untergrundwurzeln, sowie Rhizomen stabilisiert, die dichte Matten bilden. Auch nach dem Absterben der Pflanze bleiben diese noch lange Zeit bestehen. Diese toten Seegrasrhizome stoßen eine große Menge an CO aus, das die Symbionten

Abbildung 6 - Olavius algarvensis and the Mediterranean seagrass sediments it inhabits (Kleiner, M. et al., 2015, online).

des O. algarvensis als Energiequelle verwenden (vgl. Kleiner, M. et al., 2015, online). Somit besteht eine gewisse Abhängigkeit des Wurms von den Seegräsern, wobei das Seegras als Produzent, die Symbionten des Wurms als Konsumenten angesehen werden können.

5.0 Fazit

Gegenseitige Interaktionen treiben die Evolution an und verschaffen den Partnern große Vorteile, die zu einer erhöhten Fitness führen. Besonders die „Symbiose hat den Kurs der Evolution stark beeinflusst" (Podbregar, 2000, online), da sie meist zahlreiche morphologische Veränderungen und Verhaltensanpassungen zur Folge hat, wie sich auch bei O. algarvensis deutlich zeigt (vgl. Schimack, 2015, online).

Dieser marine, homonom segmentierte Wurm besitzt ein Clitellum, einen zwittrigen Geschlechtsapparat und hat keine Parapodien. Des Weiteren kennzeichnen ihn einen Hautmuskelschlauch, sowie ein Coelom als Hydroskelett, ein Strickleiternervensystem und ein geschlossenes Blutgefäßsystem mit Lateralherzen. Diese und weitere Merkmale beweisen seine eindeutige Zugehörigkeit zu den Oligochaeten, zu denen auch unser heimischer Regenwurm zählt. Der große Unterschied liegt jedoch in der Verdauungsphysiologie: Während die Familie der entfernt verwandten Regenwürmer einen Schlund zur Nahrungsaufnahme, einen untergliederten Darmkanal, sowie Organe zur Ausscheidung besitzt, hat O. algarvensis diese im Laufe der Zeit komplett reduziert. Durch eine Dreiersymbiose mit sulfatreduzierenden und sulfidoxidierenden Bakterien ist es ihm dennoch möglich, zu leben und sich zu ernähren. Den Symbionten werden im Gegenzug optimale Lebensbedingungen, sowie ein Schutz vor Feinden gewährleistet.

Die Vorteile dieses symbiotischen Lebens, auch im Hinblick auf Ökologie- und Habitatsaspekte, wurden im Laufe der Arbeit herausgearbeitet:

Die Ernährung erfolgt mithilfe seiner Symbionten, wodurch der marine Wurm der Konkurrenz um Nahrung entgegenwirkt. Seine Symbionten oxidieren Sulfid und nutzen die dabei gewonnene Energie, um Kohlendioxid in organische Verbindungen umzuwandeln. Ein weiteres Bakterium stellt aus Sulfat im Meerwasser Sulfid her, welches das andere Bakterium aufnimmt und wieder zu Sulfat oxidiert. Dieser zyklische Austausch von Stoffwechselprodukten führt dazu, dass mehr Energie produziert wird als ohne den Partner. Diese zusätzliche Energie kann wiederum dem Wirt zu Gute kommen. Dieser spart durch das symbiotische Recycling den Aufwand und die Energie für die Entsorgung, weshalb er neben seinem Mund und dem Verdauungstrakt auch auf seine Ausscheidungsorgane verzichten kann.

Des Weiteren besitzt O. algarvensis durch seine Symbiose eine innere Schwefelwasserstoffquelle, wodurch er sich an die chemische Eigenschaft der Sedimente vor der Küste Elbas bestens angepasst hat. Er wurde somit unabhängig von externen Energiequellen und konnte neue Habitate ohne hohes Sulfidvorkommen besiedeln, die für seine Verwandten in Portugal oder in der Karibik unbewohnbar wären.

Zusätzlich kann er sich durch die Aufnahme der sulfatreduzierenden Bakterien an ständige Veränderungen in der Umgebung, beispielsweise Schwankungen bei der Sulfidverfügbarkeit, sehr gut anpassen, was ihn überlegen macht. Es werden zusätzlich noch weitere unerforschte Symbionten vermutet, die durch ihre Substratspezifität eine Mikronische einnehmen könnten.

Trotz der Tatsache, dass sich die Forschung zu O. algarvensis aufgrund seiner späten Entdeckung erst in den Anfängen befindet, wird deutlich, wie sich verwandte Tierarten auseinanderentwickeln und unterscheiden können, indem sie sich, wie der marine Wurm, physisch verändern und beispielsweise Symbiosen eingehen, um sich ihrer Umwelt anzupassen, Vorteile in jeglichen Bereiche zu gewinnen und dadurch zu überleben. Weiterhin sollen in Zukunft ökologische Studien Aufschluss zu Habitatsfaktoren liefern und so zu einem grundlegenden Verständnis der komplexen Wechselwirkungen in Bezug auf die Ökologie beitragen.

Quellenverzeichnis

Literaturquellen:

Ahne, W., Liebich, H.; Stohrer, M.; Wolf, E. (2000): Zoologie. Stuttgart: Schattauer.

Campbell, N.; Reece, J. (2002): Biologie. Auflage 6. Heidelberg: Spektrum Akademischer Verlag. ISBN: 3-8274-1352-4.

Dubilier, N.; Blazejak, A.; Ruehland, C. (2006): Symbioses between bacteria and gutless marine oligochaetes. In: J. Overmann (Hrsg.): Molecular Basis of Symbiosis. New York: Springer-Verlag. S. 251-275.

Dubilier, N., Mülders,C., Ferdelmann, T., De Beer, D. ,Pernthaler, A., Klein, M., Wagner, M; Erseus, C; Thiermann, F; Krieger, J; Giere, O; Amann, R. (2011): Endosymbiotic Sulphate-reducing and sulphide-oxidizing bacteria in an oligochaete worm. Nature 411.

Füller, H. (1954): Die Regenwürmer. Die Neue Brehm-Bücherei. Heft 140 (Nachdruck). Wittenberg: A. Ziemsen Verlag.

Hempel, G.; Bischof, K.; Hagen, W. (Hrsg) (2016): Faszination Meeresforschung. Berlin: Springer-Verlag. 2. Auflage. ISBN: 9783662497142.

Storch, V.; Welsch, U. (2009): Zoologisches Praktikum. Berlin: Springer-Verlag. ISBN: 978-3-8274-1998-9.

Woyke,T., Teeling,H., Ivanova,N.N., Huntemann,M., Richter,M., Gloeckner,F.O., Boffelli, D., Andersonl. J., BarryK. W., Shapiro, H.J., Szeto, E., Kyrpides, N.C.,Mussmann, M., Amann. R., Bergin, C., Ruehland, C., Rubin, E.M.,Dubilier, N. (2006): Symbiosis insights through metagenomic analysis of a microbial consortium. Nature 443: 950-955.

Internetquellen:

Aspetsberger, F.; Dubilier, N. (2009): An ocean of symbioses, of unforeseen depth. S. 1-6. Verfügbar unter: https://www.mpg.de/309344/forschungsSchwerpunkt.pdf (16.04.2017).

Brechner, E. et al. (2001): Autökologie. Heidelberg: Akademischer Verlag. Verfügbar unter: http://www.spektrum.de/lexikon/biologie-kompakt/autoekologie/1125 (16.04.2017).

Brechner, E. et al. (2001): Biotische Umweltfaktoren. Heidelberg: Akademischer Verlag. Verfügbar unter: http://www.spektrum.de/lexikon/biologie-kompakt/autoekologie/1125 (16.04.2017).

Brechner, E. et al. (2001): Abiotische Umweltfaktoren. Heidelberg: Akademischer Verlag. Verfügbar unter: http://www.spektrum.de/lexikon/biologie-kompakt/autoekologie/1125 (16.04.2017).

Brechner, E. et al. (2001): Synökologie. Heidelberg: Akademischer Verlag. Verfügbar unter: http://www.spektrum.de/lexikon/biologie-kompakt/autoekologie/1125 (16.04.2017).

Brechner, E. et al. (2001): Oligochaeten. Heidelberg: Akademischer Verlag. Verfügbar unter: http://www.spektrum.de/lexikon/biologie-kompakt/autoekologie/1125 (16.04.2017).

Brechner, E. et al. (2001): Endosymbiontentherorie. Heidelberg: Akademischer Verlag. Verfügbar unter: http://www.spektrum.de/lexikon/biologie-kompakt/endosymbiontentheorie/3635 (16.04.2017).

Dubilier, N. (2006): Leben ohne Mund, Magen und Darm. Verfügbar unter: http://www.spektrum.de/news/leben-ohne-mund-magen-und-darm/851425 (16.04.2017).

Giere, O.; Erseus, C. (2002): Taxonomy and new bacterial symbioses of gutless marine Tubificidae (Annelida, Oligochaeta) from the Island of Elba (Italy). Verfügbar unter: http://www.sciencedirect.com/science/article/pii/S1439609204700446 (16.04.2017).

Hellberg-Rode, G. (2004): Projekt Hypersoil: Herz-Kreislaufsystem. Verfügbar unter: http://hypersoil.uni-muenster.de/ (16.04.2017).

Hellberg-Rode, G. (2004): Projekt Hypersoil: Darmkanal und Verdauung. Verfügbar unter: http://hypersoil.uni-muenster.de/1/02/28.htm (16.04.2017).

Kleiner,M.; Wentrup, C.; Holler, T.; Lavik, G.; Harder, J.; Lott, C.; Littmann, S.; Kuypers, M.; Dubilier, N. (2015): Use of carbon monoxide and hydrogen by a bacteria–animal symbiosis from seagrass sediments. In: Kennet, N. et al.: .Environ Microbiol. Online ISSN: 1462-2920. Verfügbar unter: https://www.ncbi.nlm.nih.gov/pubmed/26013766 (16.04.2017).

Kleiner, M. (2012): Giftiger Speiseplan. Verfügbar unter: https://www.mpg.de/5605352/Wurm_Kohlenmonoxid (16.04.2017).

Koops, M. (2016): Symbiose. Verfügbar unter: http://www.biologie-lexikon.de/lexikon/symbiose.php (16.04.2017).

Reicher, I. (2016): Dreierkiste: Bakterien helfen einem Meereswurm zu überleben. Verfügbar unter: https://www.planet-wissen.de/natur/meer/tiefsee/pwiedreierkistebakterienhelfeneinemmeereswurmzuueberleben100.html (16.04.2017).

Rotaru, A. (2005): Genomic analysis of the endosymbiotic community of a marine worm (Olavius algarvensis). Verfügbar unter: https://www.researchgate.net/profile/Amelia-Elena_Rotaru/publication/267864334_Genomic_analysis_of_the_endosymbiotic_community_of_a_gutless_marine_worm_Olavius_algarvensis/links/545b6cb00cf28779a4dd2acb.pdf (16.04.2017).

Schimack, M. (2015): Transmission of bacterial symbionts in the gutless oligochaete Olavius algarvensis. Verfügbar unter: elib.suub.uni-bremen.de/edocs/00105047-1.pdf (16.04.2017).

Podbregar, N. (2000): Evolution: Kein Fortschritt ohne Symbiose. Heidelberg: Spinger-Verlag. Verfügbar unter: http://www.scinexx.de/dossier-detail-60-9.html (16.04.2017).

Vetter, F. (2007): Regenwurm Fressen. Verfügbar unter: http://www.regenwurm.ch/de/ernaehrung/fressen.html (16.04.2017).

Abbildungsverzeichnis:

Abbildung 6: Olavius algarvensis and the Mediterranean seagrass sediments it inhabits.

(Quelle: Kleiner,M.; Wentrup, C.; Holler, T.; Lavik, G.; Harder, J.; Lott, C.; Littmann, S.; Kuypers, M.; Dubilier, N. (2015): Use of carbon monoxide and hydrogen by a bacteria–animal symbiosis from seagrass sediments. In: Kennet, N. et al.: .Environ Microbiol. Online ISSN: 1462-2920. Verfügbar unter: https://www.ncbi.nlm.nih.gov/pubmed/2601376 (16.04.2017))